故宫博物院宣传教育部 / 编

给孩子的故宫系列

哇！故宫的二十四节气·春

雨水

中信出版集团 · 北京

哇！故宫的二十四节气 · 春 · 雨水

编　　者：故宫博物院宣传教育部
策 划 人：闫宏斌　果美侠　孙超群
特约编辑：李颖翀
策划出品：御鉴文化（北京）有限公司
出版发行：中信出版集团股份有限公司
　　　　　（北京市朝阳区惠新东街甲 4 号富盛大厦 2 座　邮编 100029）
承 印 者：北京利丰雅高长城印刷有限公司

策 划 方：故宫博物院宣传教育部
出 品 方：御鉴文化（北京）有限公司

出　　品：中信儿童书店
策　　划：中信出版 · 知学园
策划编辑：鲍　芳　杜　雪　宋雪薇
装帧设计：魏　磊　谢佳静　周艳艳
绘画编辑：徐　帆　周艳艳
营销编辑：张　超　隋志萍　杜　芸

春雨惊春清谷天，
夏满芒夏暑相连，
秋处露秋寒霜降，
冬雪雪冬小大寒。

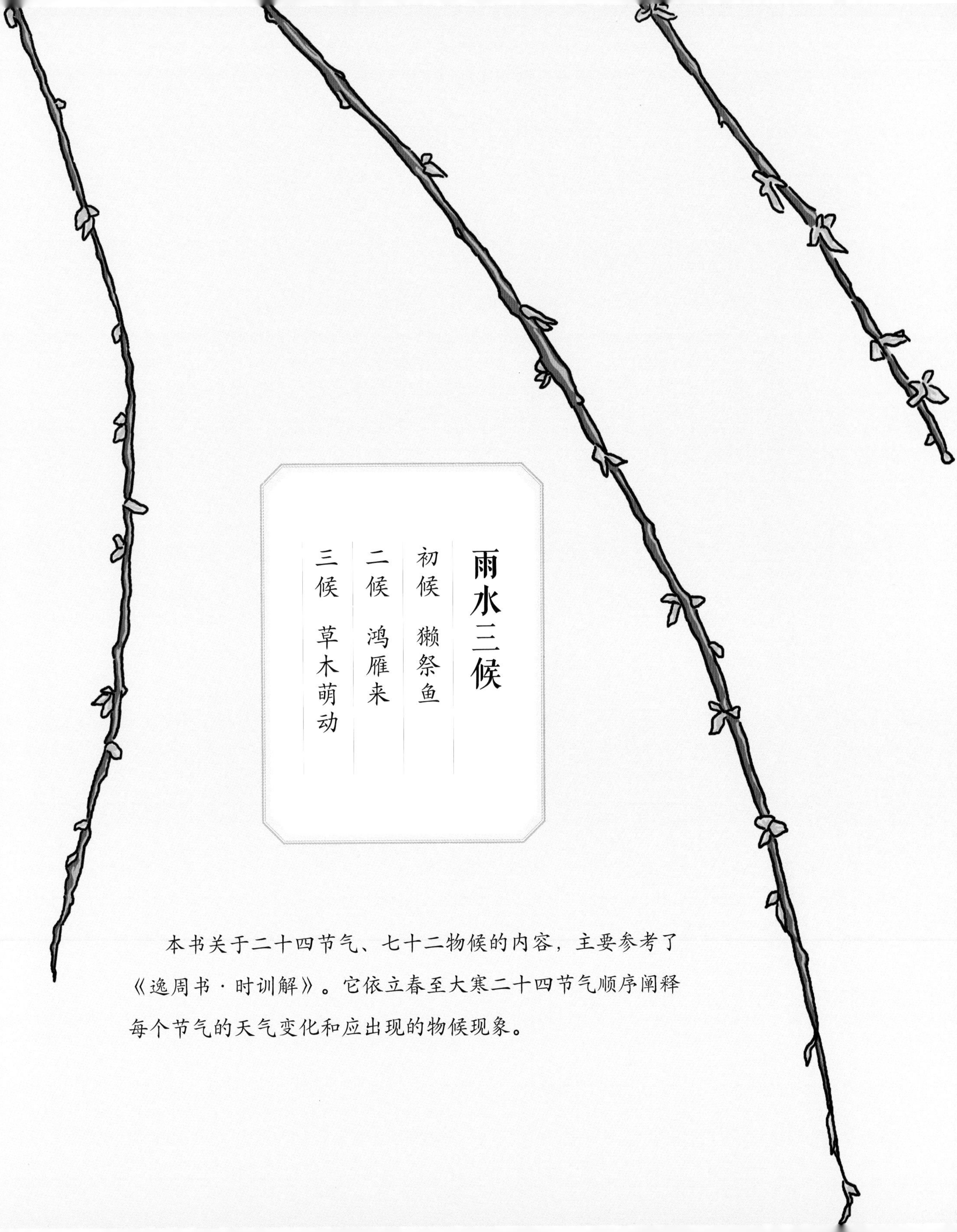

雨水三候

初候　獭祭鱼

二候　鸿雁来

三候　草木萌动

本书关于二十四节气、七十二物候的内容，主要参考了《逸周书·时训解》。它依立春至大寒二十四节气顺序阐释每个节气的天气变化和应出现的物候现象。

故事人物介绍

人物：骑凤仙人

特点： 老顽童，爱吃又爱玩。

形象来源： 故宫屋脊仙人——骑凤仙人，可骑凤飞行、逢凶化吉。

人物：龙爷爷

特点： 智慧老人，爱打瞌睡。

形象来源： 故宫屋脊小兽——龙，传说中的神奇动物，能呼风唤雨，寓意吉祥。

人物：凤娇娇

特点： 高贵冷艳的大姐姐，有个性。

形象来源： 故宫屋脊小兽——凤，即凤凰，传说中的百鸟之王，祥瑞的象征。

人物：狮威威

特点： 勇猛威严，爱逞强。

形象来源： 故宫屋脊小兽——狮子，传说中的兽王，威武的象征。

人物：海马游游

特点： 天真外向的机灵鬼，话多。

形象来源： 故宫屋脊小兽——海马，身有火焰，可于海中遨游，象征皇家威德可达海底。

人物：天马飞飞

特点： 精明聪敏，有些张扬。

形象来源： 故宫屋脊小兽——天马，有翅膀，可在天上飞行，象征皇家威德可通天庭。

人物：押鱼鱼

特点：乖巧爱美，胆小内向。

形象来源：故宫屋脊小兽——押鱼，传说中的海中异兽，身披鱼鳞，有鱼尾，可呼风唤雨、灭火防灾。

人物：狻大猊

特点：安静腼腆，呆头呆脑。

形象来源：故宫屋脊小兽——狻（suān）猊（ní），传说中能食虎豹的猛兽，形象类狮，也象征威武。

人物：獬小豸

特点：公正热心，为人直率。

形象来源：故宫屋脊小兽——獬（xiè）豸（zhì），传说中的独角猛兽，是皇帝正大光明、清平公正的象征。

人物：斗牛牛

特点：耿直果断，脾气大。

形象来源：故宫屋脊小兽——斗（dǒu）牛，传说中的一种龙，牛头兽态，身披龙鳞，是消灾免祸的吉祥物。

人物：猴小什

特点：多才多艺，脸皮厚。

形象来源：故宫屋脊小兽——行（háng）什（shí）。传说中长有猴面、生有双翅、手执金刚杵的神，可防雷火、消灾免祸。

人物：格格和小阿哥

特点：格格知书达理，求知欲强，争强好胜。

小阿哥生性好动，古灵精怪，想法如天马行空。

这天，大家正高兴地吃元宵，龙爷爷摇头晃脑地说：“我给你们出个谜语猜吧。一片白线万丈高，可惜布机织不了。剪刀裁它不会断，只有风吹能折腰。”

猴小什抓耳挠腮，问道："是什么？"

天马飞飞问格格："你知道吗？"

格格说："文渊阁有好多书，不如我们去查一查。"

他们走在路上，听见远处传来鸟的叫声，路边的迎春花也开了。

龙爷爷说：“看来春天是真的到了。”

他们想起，去年就有群大雁排成“人”字形从这里飞过。

龙爷爷说：“天气回暖，大雁就该从南方飞回来了。”

大吻
三交六椀菱花窗

他们来到了文渊阁，格格开始仔细地查找书籍。

小阿哥问：“龙爷爷，为什么文渊阁屋顶的颜色跟别的宫殿不一样？”

龙爷爷答道：“因为黑色象征着‘水’，水能灭火，而文渊阁藏书众多，最怕着火，所以使用黑色的琉璃瓦片。”

觀象閣

屋里，格格正忙着翻阅书籍，窗外吹来一阵清风，带来了泥土的芬芳。

小阿哥喊着“下雨了，去看千龙吐水喽”，便往外跑。

格格说：“等等——”

雨水的降临，让文渊阁前面石桥上的小动物们都活跃了起来。

只见一只小乌龟顺着栏杆而下，喊道：“我去太和殿那边洗澡了哟！”说着就“飞快”地向远处跑去。

小阿哥边追边喊：“等等我！”

他们一路追着小乌龟来到了太和殿。

小阿哥问："小乌龟，你也在等千龙吐水啊？"

气喘吁吁追来的龙爷爷说："雨水时节的雨是绵绵细雨，所以现在看不到千龙吐水的景象。"

格格突然兴奋地说："啊！我知道谜底了！"

小阿哥问："是什么？"

格格说："一片白线万丈高，可惜布机织不了。剪刀裁它不会断，只有风吹能折腰。说的不就是雨嘛！现在的时节——雨水，正好有绵绵细雨呢！"

文渊阁

文渊阁是乾隆皇帝下旨建造的皇家藏书重地，用于专贮《四库全书》。建成后，皇帝每年在这里召集文学侍从之臣讲论经史，并在讨论结束后赐茶。文渊阁定名为“文渊”，也是希望文化能够源远流长。

大吻

大吻又称龙吻、正吻，是位于建筑物正脊两端的装饰构件。外形像龙，怒目张口，牢牢咬住正脊两端，龙爪腾空，龙尾高耸向后卷曲，全身充满力量。它也是屋脊上的一种防雨设施，盖在正脊与两条垂脊的交会点上，使屋顶不易漏雨。可能人们担心它不能长期坚守岗位，还在它的背上插了一把宝剑。

菱花式窗

这是菱花窗中的一种，被称为“三交六椀菱花窗”。它由若干组三根棂条交叉组合而成，交叉的棂条形成若干个等边三角形，中心则是一朵六瓣菱花，花的中心位置上还钉有竹或木钉。三交六椀样式象征正统的国家政权，内涵天地，寓意四方，是天地之交而生万物的一种符号。

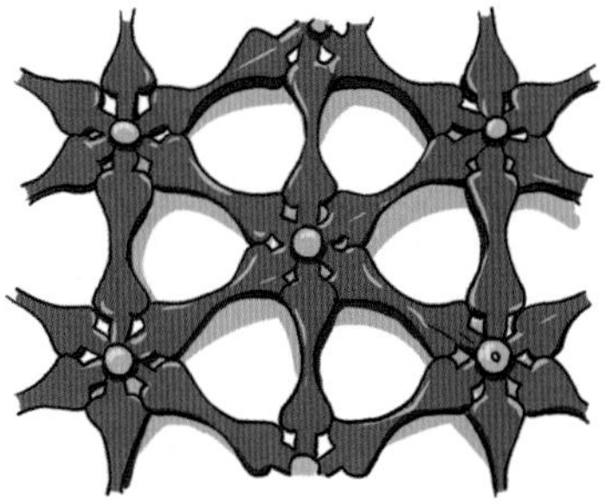

彩画

文渊阁天花板上有金莲水草天花，房梁、柱头、柱子与柱子之间的横梁上则使用了流云、海水、河图、洛书、博古等纹样，这不仅充分体现了文渊阁皇家藏书楼的定位，也表达了古人通过彩画纹样寄托驱火避祸的愿望。

雨水在每年的 2 月 18 日、19 日或 20 日。雨水是反映降水现象的节气之一，这一时期降水逐步增多，且形式上，雪少雨多。这一时节万物开始萌动，气象意义上的春天正式到来。但是，在我国北方地区，冷空气依然活动频繁，气温变化较大，所以古人提倡“春捂”，就是说在早春时节还是要多穿衣服！

二十四节气古诗词——雨水

初春小雨

◎唐 韩愈

天街小雨润如酥，
草色遥看近却无。
最是一年春好处，
绝胜烟柳满皇都。

作者：韩愈，字退之，世称“韩昌黎”。唐代文学家、哲学家。

诗词大意：初春细滑润泽的小雨落到京城的街道上，小草刚发芽，远看一片淡绿，近看却无。初春的小雨和草色是一年中最美的景色，远远超过晚春的满城烟柳。

节气小专家

农耕

从雨水节气起，雨量渐渐增多，但对于某些地区来说还是“春雨贵如油”。为了保障越冬作物的生长，要及时浇灌田地。还要做好选种、施肥等春耕春播准备工作。民间认为雨水这一天下雨，是丰收的预兆。

元宵节

明朝时，春节假一直到元宵节（元宵节通常在雨水前后）。人们会在元宵节这天张灯结彩，欢庆佳节。

吃货小达人

补充热量

雨水时节气温开始回升，但时常受冷空气影响，依然比较寒冷，常称为“倒春寒”。为了抵御寒冷，应少食生冷之物，多补充优质的蛋白质，如适量吃鸡蛋、鱼肉、牛肉等；还应适量食用高热量的食物，如核桃、花生等。

雨水三候

节气物候说

初候 獭祭鱼

天气渐暖，鱼儿纷纷上游，水獭捕鱼后，将捕到的鱼摆在岸上。堆积起来的鱼儿如同祭祀的供品一般。

二候 鸿雁来

大雁开始从南方飞回北方。

三候 草木萌动

在『润物细无声』的春雨的滋润下，草木开始抽出嫩芽。

乾清门前 · 2月

故宫花与木

迎春花

AR重现恢宏古建

扫描二维码下载 App

⇩

打开 App

⇩

点击“AR 故宫”

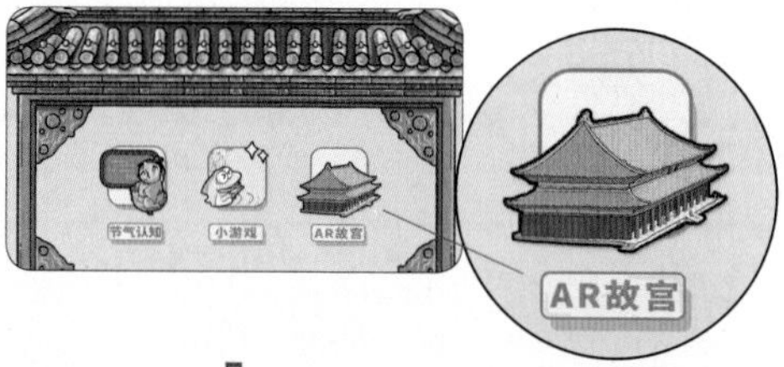

⇩

扫描下方建筑 —— 文渊阁